英国数学真简单团队/编著　华云鹏 刘舒宁/译

DK儿童数学分级阅读 第二辑

加法和减法

数学真简单！

电子工业出版社·

Publishing House of Electronics Industry

北京·BEIJING

Original Title: Maths—No Problem! Addition and Subtraction, Ages 5-7 (Key Stage 1)
Copyright © Maths—No Problem!, 2022
A Penguin Random House Company

版权贸易合同登记号　图字：01-2024-1630

图书在版编目（CIP）数据

DK儿童数学分级阅读. 第二辑. 加法和减法 / 英国数学真简单团队编著；华云鹏，刘舒宁译. --北京：电子工业出版社，2024.5
ISBN 978-7-121-47659-4

Ⅰ.①D…　Ⅱ.①英…　②华…　③刘…　Ⅲ.①数学—儿童读物　Ⅳ.①O1-49

中国国家版本馆CIP数据核字（2024）第070450号

出版社感谢以下作者和顾问：Andy Psarianos, Judy Hornigold, Adam Gifford和Anne Hermanson博士。
已获Colophon Foundry的许可使用Castledown字体。

责任编辑：董子晔
印　　　刷：鸿博昊天科技有限公司
装　　　订：鸿博昊天科技有限公司
出版发行：电子工业出版社
　　　　　北京市海淀区万寿路173信箱　　邮编：100036
开　　本：889×1194　1/16　印张：18　　字数：303千字
版　　次：2024年5月第1版
印　　次：2024年11月第2次印刷
定　　价：128.00元（全6册）

凡所购买电子工业出版社图书有缺损问题，请向购买书店调换。若书店售缺，请与本社发行部联系，联系及邮购电话：（010）88254888，88258888。
质量投诉请发邮件至zlts@phei.com.cn，盗版侵权举报请发邮件至dbqq@phei.com.cn。
本书咨询联系方式：（010）88254161转1865，dongzy@phei.com.cn。

www.dk.com

目 录

鲁比   艾略特   阿米拉   查尔斯   露露   萨姆   奥克   霍莉   拉维   艾玛   雅各布   汉娜

100以内数的读和写

准 备

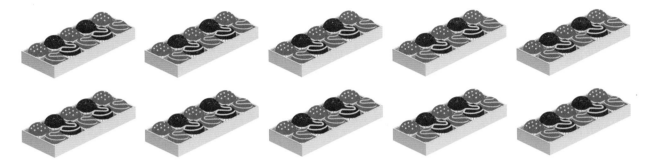

一共有多少块蛋糕？

举 例

有10盒蛋糕。

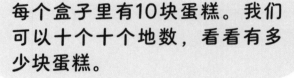
每个盒子里有10块蛋糕。我们可以十个十个地数，看看有多少块蛋糕。

10、20、30、40……

50、60、70……

80、90、100。一共有100块蛋糕。

数一数，写一写。

(1)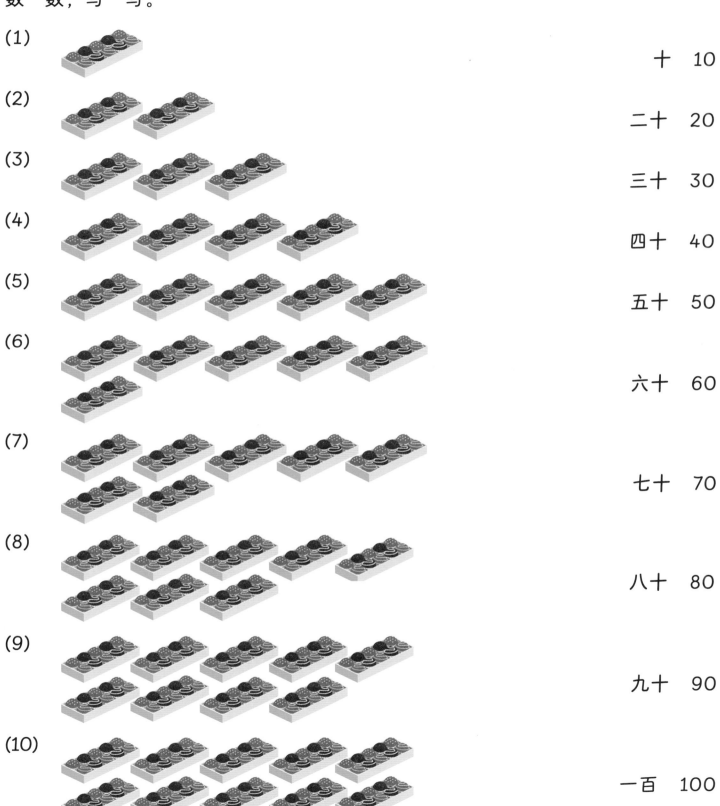

十　10

(2)

二十　20

(3)

三十　30

(4)

四十　40

(5)

五十　50

(6)

六十　60

(7)

七十　70

(8)

八十　80

(9)

九十　90

(10)

一百　100

数位

准备

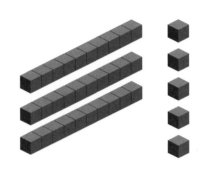

有多少个 ⬛ ？

举例

每个长条都由10个 ⬛ 组成。

有3个十。

有5个 ⬛ 。

$30 + 5 = 35$。

| 3 0 | 5 |

还可以用下面的方式表示35。

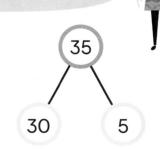

有35个 ⬛ 。

35 = 3个十和5个一。

数字3代表30。

数字5代表5。

十位	个位
3	5

小朋友们在数十和一，你能帮他们把缺失的数字填上吗？

1 萨姆

32 = ☐ 个十和 ☐ 个一。

十位	个位

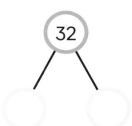

2 露露

☐ = ☐ 个十和 ☐ 个一。

十位	个位

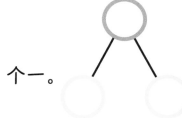

3 霍莉

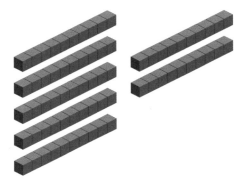

☐ = ☐ 个十和 ☐ 个一。

十位	个位

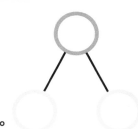

比较数的大小

准 备

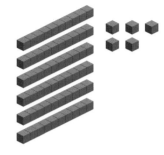

哪个数最大？

哪个数最小？

举 例

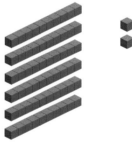

十位	个位
6	5

65

```
6 0   5
```

十位	个位
7	1

71

```
7 0   1
```

十位	个位
6	3

63

先比较十位，65和63都有6个十，71有7个十。

7个十比6个十大，71的十位最大。

71大于65。
71 > 65

71大于63。
71 > 63

71是最大的数。

用"＞"来表示大于。

再比较个位。65有5个一，63有3个一，3个一比5个一小。

63小于65。

用"＜"表示小于。

63小于65。
63 < 65
63是最小的数。

还可以用数线来比较数的大小。

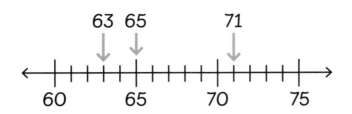

63 65   71

60   65   70   75

数字的排序方式有两种。

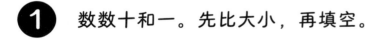

71, 65, 63	**63, 65, 71**
最大 ——→ 最小	最小 ——→ 最大

练 习

1 数数十和一。先比大小，再填空。

十位	个位

☐ = ☐ 个十和

☐ 个一。

十位	个位

☐ = ☐ 个十和

☐ 个一。

☐ 小于 ☐ 。

2 用给出的数填空。

比一比，用 > 或 < 填空。

(1) 31, 39, 34

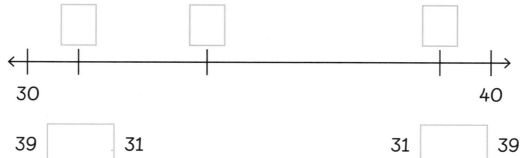

39 ☐ 31   31 ☐ 39

(2) 53, 46, 58, 41

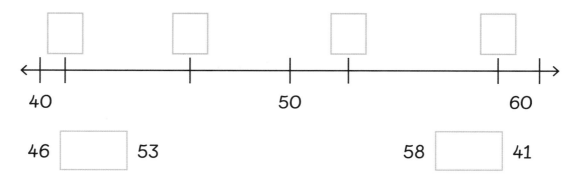

46 ☐ 53   58 ☐ 41

3 把数字按从小到大的顺序排列。

98, 79, 85

4 把数字按从大到小的顺序排列。

23, 11, 24

☐ , ☐ , ☐

5 用 > 或 < 填空。

(1) 12 ☐ 56   (2) 64 ☐ 46   (3) 78 ☐ 87

排列组合

准备

艾玛正把饮料放上架子。

她已经放了4包饮料。

那么现在架子上有多少罐饮料？

举例

架子上有4包饮料，每包有5罐。

五个五个地数。在数线上数一数。架子上有20罐饮料。

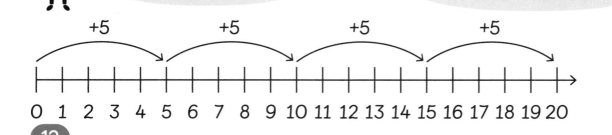

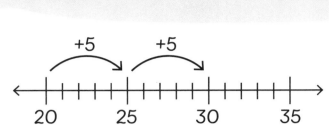

如果艾玛又放上2包饮料，架子上会有多少罐饮料？

+5 +5

20   25   30   35

架子上会有30罐饮料。

练 习

填一填。

1 架子上有多少桶薯片？

2, 4, 6, 8, 10, ☐

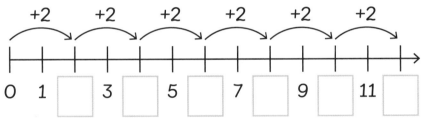

+2 +2 +2 +2 +2 +2

0 1 ☐ 3 ☐ 5 ☐ 7 ☐ 9 ☐ 11 ☐

2 (1) ☐ ←减3— 27 —加3→ ☐

(2) ☐ ←减3— 30 —加3→ ☐

(3) ☐ ←减5— 35 —加5→ ☐

(4) ☐ ←减5— 86 —加5→ ☐

(5) ☐ ←减3— 62 —加3→ ☐

个位相加

准 备

一共有多少支蜡笔？

举 例

桌子上有42支蜡笔，阿米拉拿着3支蜡笔。

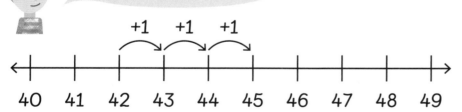

可以从42开始数。

还有别的方法。

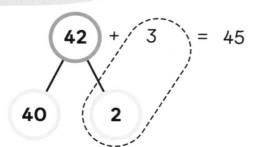

可以把42分成40和2，然后个位相加。

加一加，填一填。

1 借助数线算一算。

(1) 15 + 2 = ☐

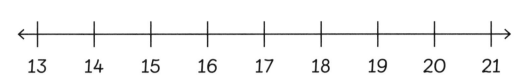

(2) 72 + 7 = ☐

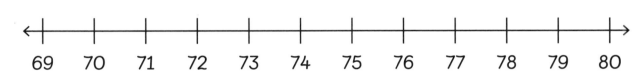

2 (1) ㊼ + 2 = ☐   47和2组成 ☐ 。

40   7

(2) ㊲ + 7 = ☐   62和7组成 ☐ 。

60   ○

(3) 3 + ㊲ = ☐   3和82组成 ☐ 。

○   ○

十位相加

准备

杂货店出售的苹果有多少个？

举例

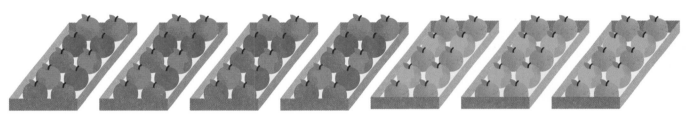

每个盒子里有
10个苹果。

4个十 + 3个十 = 7个十

有4盒红苹果、3盒
青苹果。

40 + 30 = 70
杂货店出售的苹果有70个。

加一加，填一填。

1 (1) $2 + 5 =$ ◻

(2) $20 + 50 =$ ◻

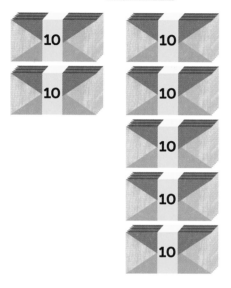

2 (1) $7 + 2 =$ ◻

(2) $70 + 20 =$ ◻

(3) $30 + 30 =$ ◻

(4) $70 + 30 =$ ◻

3 (1) 2个一+4个一= ◻ 个一

(2) 4个十+2个十= ◻ 个十

(3) 5个十+5个十= ◻

(4) 6个一+5个一= ◻

列竖式算加法

准 备

我有53张足球卡片。

我有40张足球卡片。

如何计算53 + 40？

举 例

从53开始十个十个地数。

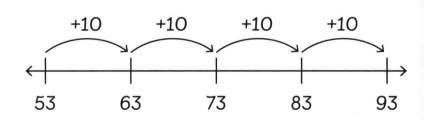

	+10	+10	+10	+10
53	63	73	83	93

先十位相加，再个位相加。

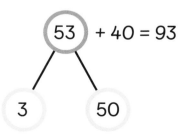

53 + 40 = 93

3   50

50 + 40 = 90
90 + 3 = 93

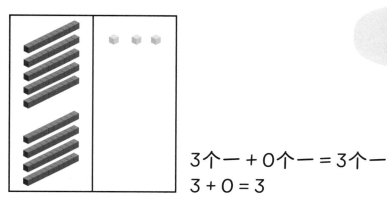

$3个一 + 0个一 = 3个一$
$3 + 0 = 3$

还有另一种方法，先个位相加。

十位	个位
5	3
+ 4	0
	3

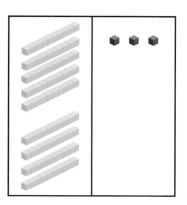

$5个十 + 4个十 = 9个十$
$50 + 40 = 90$

再十位相加。

十位	个位
5	3
+ 4	0
9	3

$9个十 + 3个一 = 93$
这两个小伙伴一共收集了93张足球卡片。

练 习

1 填一填。

（1）

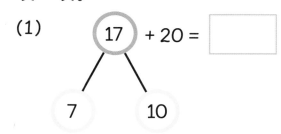

(17) + 20 = [　　]

7　　10

（2）

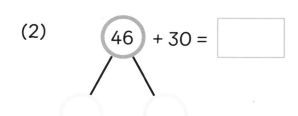

(46) + 30 = [　　]

○　　○

2 加一加。

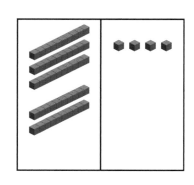

十位	个位
3	4
+ 2	0
[　]	[　]

19

列竖式算不进位加法

准 备

查尔斯一共有多少个计数器?

举 例

查尔斯有35个红色计数器和42个蓝色计数器。

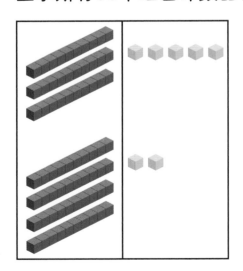

先个位相加。

十位	个位
3	5
+ 4	2
	7

5个一 + 2个一 = 7个一
5 + 2 = 7

20

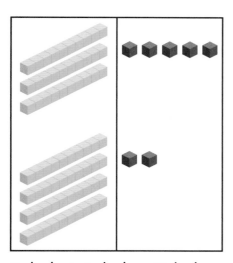

再十位相加。

	十位	个位
	3	5
+	4	2
	7	7

3个十 + 4个十 = 7个十
30 + 40 = 70

35和42组成77。
35 + 42 = 77

查尔斯一共有77个计数器。

练 习

加一加，填一填。

1 (1) 51 + 23 = ☐

(2) 72 + 26 = ☐

2 (1) 37 + 42 = ☐

十位	个位
3	7
+ 4	2
☐	☐

(2) 64 + 35 = ☐

十位	个位
6	4
+ 3	5
☐	☐

列竖式算进位加法（一）

准 备

雅各布上周读了36页书，这周又读了7页。雅各布一共读了多少页书？

举 例

36 + 7 = ？

方法1

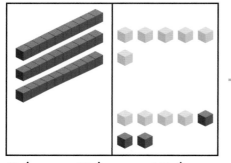

6个一 + 7个一 = 13个一
个位向十位进一。

13个一 = 1个十和3个一

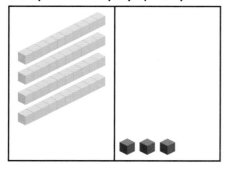

3个十 + 1个十 = 4个十
30 + 10 = 40
36 + 7 = 43

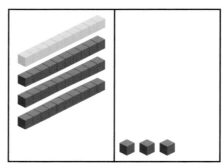
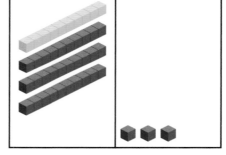

先个位相加。

十位	个位
3	6
+	7
1	3

10个一等于1个十。

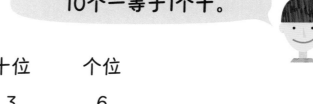

十位	个位
3	6
+	7
1	3
+ 3	0
4	3

再十位相加。

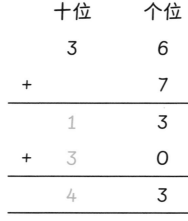

方法2

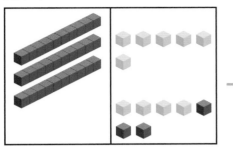

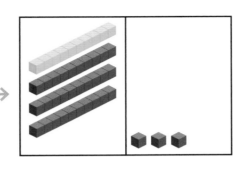

十位	个位
¹3	6
+	7
	3

6个一 + 7个一 = 13个一

个位向十位进一。

13个一 = 1个十和3个一

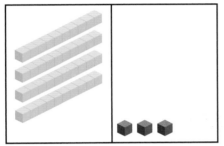

十位	个位
¹3	6
+	7
4	3

3个十 + 1个十 = 4个十

30 + 10 = 40

36 + 7 = 43

雅各布一共读了43页书。

练 习

加一加，填一填。

1 57 + 8

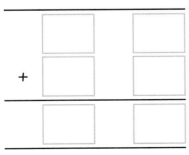

十位	个位
5	7
+	8
+	

2 9 + 23

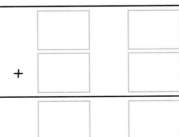

十位	个位
	9
+ 2	3
+	

列竖式算进位加法（二）

准 备

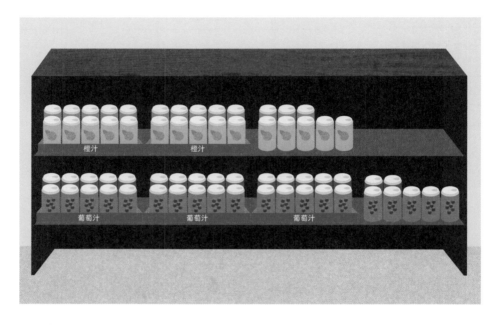

商店里有28罐橙汁饮料和37罐葡萄汁饮料。

商店里共有多少罐饮料？

举 例

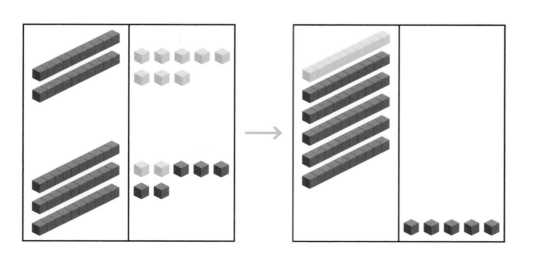

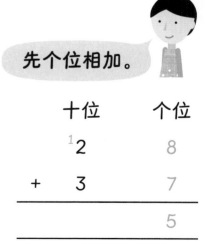

先个位相加。

	十位	个位
	¹2	8
+	3	7
		5

24

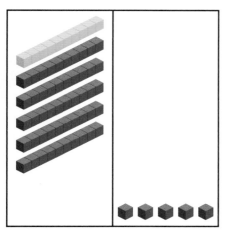

	十位	个位
	¹2	8
+	3	7
	6	5

再十位相加。

2个十 + 3个十 + 1个十 = 6个十
20 + 30 + 10 = 60
28 + 37 = 65

商店里共有65罐饮料。

练 习

加一加，填一填。

1   27 + 15

	十位	个位
	2	7
+	1	5

2   18 + 19

	十位	个位
	1	8
+	1	9

3   37 + 47

	十位	个位
	3	7
+	4	7

4   66 + 28

	十位	个位
	6	6
+	2	8

三个数相加

准 备

一共有多少个甜甜圈？

举 例

借助数线数一数。

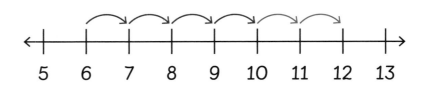

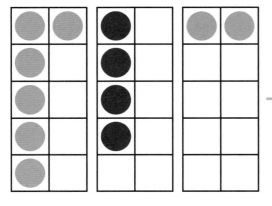 →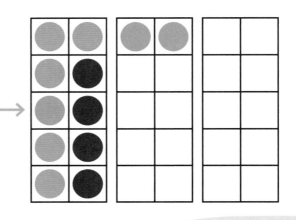

$$6 + 4 + 2 = 10 + 2$$
$$= 12$$

一共有12个甜甜圈。

用十宫格凑出10。

1 凑出10。给十宫格涂上颜色并填空。

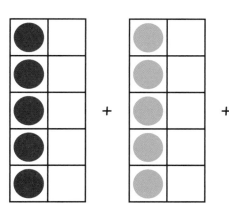 + 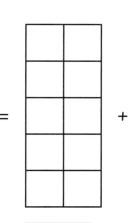 + 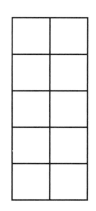 = ☐ + ☐

☐ + ☐

= ☐

2 凑出10。加一加，填一填。

(1) 7 + 3 + 2 = ☐ + ☐

= ☐

(2) 4 + 8 + 2 = ☐ + ☐

= ☐

(3) 6 + 3 + 4 = ☐ + ☐

= ☐

(4) 5 + 4 + 5 = ☐ + ☐

= ☐

3 加一加，填一填。

(1) 7 + 7 + 3 = ☐

(2) 5 + 6 + 9 = ☐

(3) 8 + 4 + 8 = ☐

(4) 7 + 6 + 7 = ☐

(5) 9 + 6 + 8 = ☐

(6) 7 + 7 + 9 = ☐

个位相减

准 备

甜品店里有26块蛋糕，查尔斯买了3块，

甜品店里还剩多少块蛋糕？

举 例

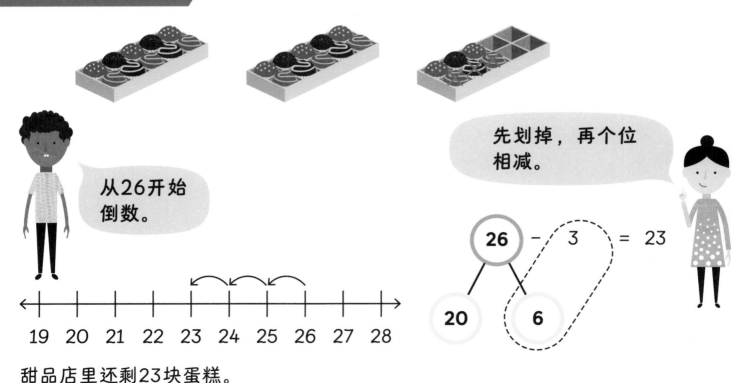

从26开始倒数。

先划掉，再个位相减。

$26 - 3 = 23$

20   6

甜品店里还剩23块蛋糕。

减一减，填一填。

1 借助数线倒数。

(1) 37 - 5 = ⬚

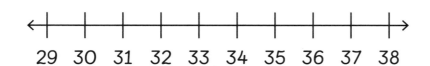

(2) 58 - 4 = ⬚

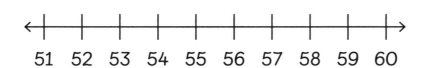

2 (1)

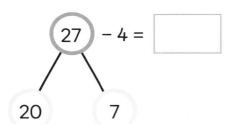 - 4 = ⬚　　27减4等于 ⬚ 。

(2)

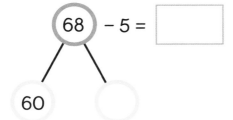 - 5 = ⬚　　68减5等于 ⬚ 。

十位相减

准 备

商店出售6盒炸鱼条，艾略特买了2盒，

商店里还剩多少个炸鱼条？

举 例

每盒有10个炸鱼条。

卖出了2盒，现在还剩4盒。

借助数线十个十个地倒数。

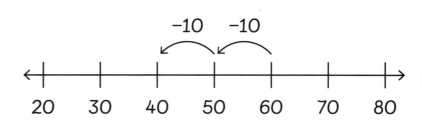

6个十 - 2个十 = 4个十
60 - 20 = 40

商店里还剩40个炸鱼条。

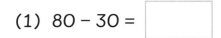

减一减，填一填。

1 借助数线十个十个地倒数。

(1) 80 - 30 = ☐

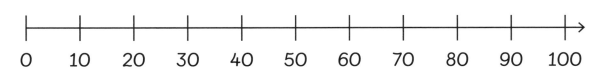

(2) 50 - 40 = ☐

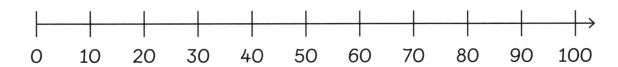

2 (1) 9 - 5 = ☐ (2) 8 - 4 = ☐

9个十 - 5个十 = ☐ 个十   8个十 - 4个十 = ☐ 个十

90 - 50 = ☐   80 - 40 = ☐

列竖式算减法

准 备

萨姆收藏了55枚硬币，他把其中30枚给了弟弟，

萨姆还剩多少枚硬币？

举 例

55 – 30 = ?

55 – 30 = 25

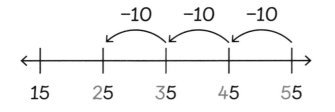

$$15 \quad 25 \quad 35 \quad 45 \quad 55$$

从55开始，十个十个地倒数。

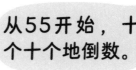

50 – 30 = 20
20 + 5 = 25
55 – 30 = 25

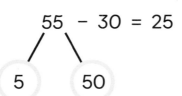

先十位相减，再个位相减。

5 个一 – 0 个一 = 5 个一, 5 – 0 = 5

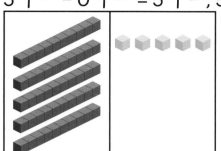

十位	个位
5	5
– 3	0
	5

先个位相减。

5 个十 – 3 个十 = 2 个十, 50 – 30 = 20

55 – 30 = 25

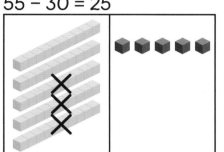

十位	个位
5	5
– 3	0
2	5

再十位相减。

萨姆还剩25枚硬币。

练 习

减一减，填一填。

1 58 – 20

十位	个位
5	8
– 2	0

2 87 – 70

十位	个位
8	7
– 7	0

3 55 – 20

十位	个位
5	5
– 2	0

4 72 – 30

十位	个位
7	2
– 3	0

列竖式算不退位减法

准 备

象群中有45头大象，其中23头是公象，

有多少头大象不是公象？

雄性大象称为公象。

举 例

45 − 23 = ？

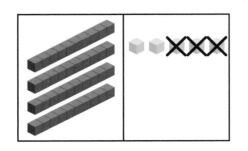

	十位	个位
	4	5
−	2	3
		2

先个位相减。

5个一 − 3个一 = 2个一
5 − 3 = 2

34

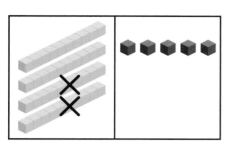

	十位	个位
	4	5
−	2	3
	2	2

再十位相减。

4个十 − 2个十 = 2个十

40 − 20 = 20

45 − 23 = 22

22头大象不是公象。

练 习

减一减，填一填。

1 48 − 15

	十位	个位
	4	8
−	1	5

2 53 − 12

	十位	个位
	5	3
−	1	2

3 66 − 33

	十位	个位
	6	6
−	3	3

4 64 − 54

	十位	个位
	6	4
−	5	4

列竖式算退位减法（一）

准备

一群猴子有42只，其中6只在地上。有多少只猴子不在地上？

举例

42 − 6 = ？

方法1
先从42中拆出10，用10减去6。
42 − 10 = 32，10 − 6 = 4，
32 + 4 = 36

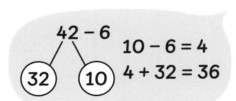

方法2

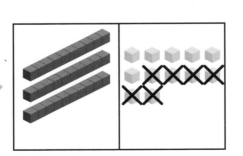

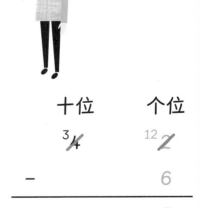

个位从十位先借"1"。
再个位相减。
12个一 − 6个一 = 6个一
12 − 6 = 6

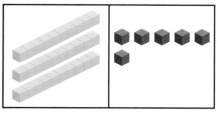

<table>
<tr><th>十位</th><th>个位</th></tr>
</table>

十位	个位
³4̸	¹²2̸
−	6
3	6

十位再相减。

3个十 − 0个十 = 3个十

30 − 0 = 30

42 − 6 = 36

36只猴子不在地上。

练 习

减一减，填一填。

1 53 − 5 = ☐

2 44 − 8 = ☐

3 35 − 7 = ☐

4 72 − 8 = ☐

5

十位	个位
2	1
−	3
☐	☐

6

十位	个位
8	5
−	6
☐	☐

列竖式算退位减法（二）

准备

面包店出售42个甜甜圈。

查尔斯和爸爸买了24个甜甜圈。面包店还剩多少个甜甜圈？

举例

42 − 24 = ?

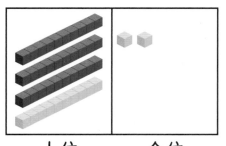 →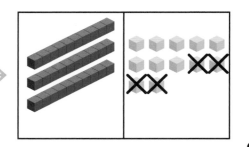

十位　　　个位

个位从十位先借"1"。

再个位相减。

12个一 − 4个一 = 8个一

12 − 4 = 8

$$\begin{array}{r} \text{十位} \quad \text{个位} \\ ^3\!\!\not4 \quad ^{12}\!\!\not2 \\ -\quad 2 \qquad 4 \\ \hline \qquad\quad 8 \end{array}$$

42 → 30　12

38

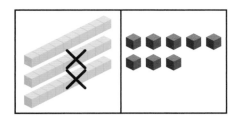

	十位	个位
	³4̷	¹²2̷
−	2	4
	1	8

十位再相减。
3个十 − 2个十 = 1个十
30 − 20 = 10
42 − 24 = 18

面包店还剩18个甜甜圈。

练 习

减一减，填一填。

 　74 　− 　35 　= [　　　]

○　　○　　○　　○

2 (1)

	十位	个位
	6	5
−	4	7
	[　]	[　]

(2)

	十位	个位
	9	5
−	1	6
	[　]	[　]

(3)

	十位	个位
	3	2
−	1	8
	[　]	[　]

(4)

	十位	个位
	9	1
−	8	9
	[　]	[　]

回顾与挑战

1 填一填。

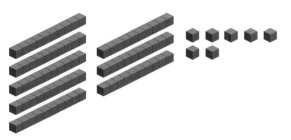

十位	个位

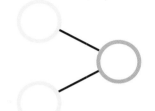

$\boxed{}$ = $\boxed{}$ 个十 和 $\boxed{}$ 个一

2 填一填。

十位	个位

十位	个位

$\boxed{}$ = $\boxed{}$ 个十 和

$\boxed{}$ 个一

$\boxed{}$ 小于 $\boxed{}$ 。

$\boxed{}$ = $\boxed{}$ 个十 和

$\boxed{}$ 个一

3 把数字按从小到大的顺序排列。

78, 29, 65

$\boxed{}$, $\boxed{}$, $\boxed{}$

4 把数字按从大到小的顺序排列。

54, 41, 56

[　　], [　　], [　　]

5 用"＞"或"＜"填空。

(1) 25 [　　] 36　　(2) 56 [　　] 65　　(3) 39 [　　] 41

6 填一填。

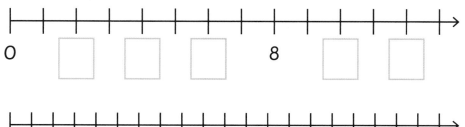

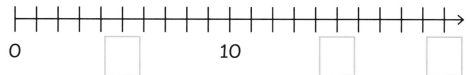

7 先加一加，再填一填。

(1)　　35　　＋　　24　　＝ [　　]

(2)　　53　　＋　　24　　＝ [　　]

8 艾玛在野生动物园拍了45张小动物照片。鲁比拍了38张照片。

她们一共拍了多少张照片？

她们一共拍了 ⬚ 张照片。

9 减一减，填一填。

(1) 65 − 16 = ⬚

◯ ◯ ◯ ◯

(2) 76 − 28 = ⬚

◯ ◯ ◯ ◯

10 加一加，填一填。

(1) 3 + 4 + 6 = ⬚   (2) 8 + 4 + 8 = ⬚

(3) 9 + 0 + 7 = ⬚   (4) 8 + 5 + 7 = ⬚

11 写出缺少的数字。

(1) 12 + 7 = 10 + ☐

(2) ☐ + 2 = 6 + 6

(3) 27 − 8 = 9 + ☐

12 做加法或减法。

(1)

十位	个位
5	8
− 2	5
☐	☐

(2)

十位	个位
6	3
− 3	6
☐	☐

(3)

十位	个位
6	0
− 4	4
☐	☐

(4)

十位	个位
5	5
+ 2	5
☐	☐

(5)

十位	个位
3	9
+ 4	8
☐	☐

(6)

十位	个位
7	0
− 5	9
☐	☐

拉维收藏了32张邮票，萨姆比拉维多收藏了10张邮票。

(1) 萨姆收藏了多少张邮票？

萨姆收藏了 ☐ 张邮票。

(2) 他们共收藏了多少张邮票？

他们共收藏了 ☐ 张邮票。

14 学校组织60个小朋友去旅行。35个小朋友上了第一辆车，其余的小朋友上了第二辆车。

(1) 第二辆车上有多少个小朋友？

第二辆车上有 ◻ 个小朋友。

(2) 哪辆车上的小朋友更多？

◻ 辆车上的小朋友更多。

(3) 这辆车比另一辆车多多少个小朋友？

◻ 辆车比 ◻ 辆车多

◻ 个小朋友。

参考答案

第 7 页　**1** 32 = 3 个十和 2 个一

$$
32
$$
$$
30 \quad 2
$$

　　　　　2 44 = 4 个十和 4 个一

$$
44
$$
$$
40 \quad 4
$$

　　　　　3 70 = 7 个十和 0 个一

$$
70
$$
$$
70 \quad 0
$$

第 10 页　**1** 58 = 5 个十和 8 个一, 62 = 6 个十和 2 个一, 58 小于 62。

第 11 页　**2 (1)**

31　34　　39

30　　　　　　40

39 > 31　　31 < 39

　　　　(2)

41　46　53　58

40　　50　　60

46 < 53　　58 > 41

　　　　3 79, 85, 98　**4** 24, 23, 11　**5 (1)** 12 < 56　**(2)** 64 > 46　**(3)** 78 < 87

第 13 页　**1** 12, +2 +2 +2 +2 +2 +2

0 1 2 3 4 5 6 7 8 9 10 11 12

　　　　2 (1) 24, 30　**(2)** 27, 33　**(3)** 30, 40　**(4)** 81, 91　**(5)** 59, 65

第 15 页　**1 (1)** 17　**(2)** 79　**2 (1)** 49; 47 和 2 组成 49。　**(2)** 62 , 69; 62 和 7 组成 69。

$$
62
$$
$$
60 \quad 2
$$

　　　　(3) 82 , 85; 3 和 82 组成 85。

$$
82
$$
$$
80 \quad 2
$$

第 17 页　**1 (1)** 7　**(2)** 70　**2 (1)** 9　**(2)** 90　**(3)** 60　**(4)** 100　**3 (1)** 6 个一　**(2)** 6 个十　**(3)** 100　**(4)** 11

第 19 页　**1 (1)** 37　**(2)** 46 , 76　**2** 54

$$
46
$$
$$
6 \quad 40
$$

第 21 页　**1 (1)** 51 + 23 = 74　**(2)** 72 + 26 = 98　**2 (1)** 79　**(2)** 99

$$
50 \quad 1 \quad 20 \quad 3 \qquad 70 \quad 2 \quad 20 \quad 6
$$

第 23 页   **1**

	十位	个位
	5	7
+		8
	1	5
+	5	0
	6	5

2

	十位	个位
		9
+	2	3
	1	2
+	2	0
	3	2

第 25 页   **1** 42 **2** 37 **3** 84 **4** 94

第 27 页   **1**

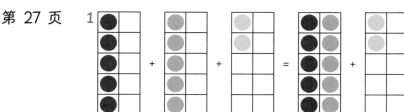

10 + 2 = 12

2 (1) 10 + 2 = 12 **(2)** 10 + 4 = 14 **(3)** 10 + 3 = 13 **(4)** 10 + 4 = 14

3 (1) 17 **(2)** 20 **(3)** 20 **(4)** 20 **(5)** 23 **(6)** 23

第 29 页   **1 (1)** 32 **(2)** 54 **2 (1)** 23; 27 减 4 等于 23。

(2) 68, 63; 68 减 5 等于 63。

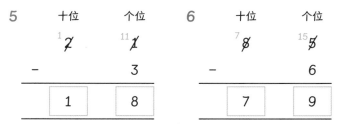

第 31 页   **1 (1)** 50 **(2)** 10 **2 (1)** 4, 4 个十, 40 **(2)** 4, 4 个十, 40

第 33 页   **1** 38 **2** 17 **3** 35 **4** 42

第 35 页   **1** 33 **2** 41 **3** 33 **4** 10

第 37 页   **1** 53, 48 **2** 44, 36 **3** 35, 28 **4** 72, 64
43 10 34 10 25 10 62 10

5

	十位	个位
	^{1}2 ^{11}1	
−		3
	1	8

6

	十位	个位
	^{7}8	^{15}5
−		6
	7	9

第 39 页   **1** 74 − 35 = 39
60 14 30 5

2 (1)

	十位	个位
	^{5}6	^{15}5
−	4	7
	1	8

(2)

	十位	个位
	^{8}9	^{15}5
−	1	6
	7	9

(3)

	十位	个位
	^{2}3	^{12}2
−	1	8
	1	4

(4)

	十位	个位
	^{8}9	^{11}1
−	8	9
		2

第 40 页   **1** 十位8，个位7，87 = 8 个十和 7 个一，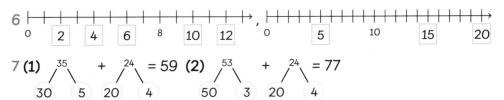

2 十位4，个位8，48 = 4 个十和 8 个一；十位5，个位2，52 = 5 个十和 2 个一；
48 小于 52。
3 29, 65, 78

第 41 页   **4** 56, 54, 41 **5** (1) 25 < 36 (2) 56 < 65 (3) 39 < 41

6
```
├──┼──┼──┼──┼──┼──┼──┼──┼──┼──┼──┼──┼──┼──→    ├──┼──┼──┼──┼──┼──┼──┼──┼──┼──┼──┼──┼──┼──┼──┼──┼──┼──┼──┼──→
0   [2]  [4]  [6]  8  [10] [12]                0        [5]       10       [15]          [20]
```

7 (1) $\overset{35}{\underset{30\ \ 5}{\diagdown}}$ + $\overset{24}{\underset{20\ \ 4}{\diagdown}}$ = 59 (2) $\overset{53}{\underset{50\ \ 3}{\diagdown}}$ + $\overset{24}{\underset{20\ \ 4}{\diagdown}}$ = 77

第 42 页   **8** 45 + 38 = 83，她们一共拍了83张照片。

9 (1) $\overset{65}{\underset{50\ \ 15}{\diagdown}}$ − $\overset{16}{\underset{10\ \ 6}{\diagdown}}$ = 49 (2) $\overset{76}{\underset{60\ \ 16}{\diagdown}}$ − $\overset{28}{\underset{20\ \ 8}{\diagdown}}$ = 48

10 (1) 13 (2) 20 (3) 16 (4) 20

第 43 页   **11** (1) 9 (2) 10 (3) 10
12 (1) 33 (2) 27 (3) 16 (4) 80 (5) 87 (6) 11

第 44 页   **13** (1) 32 + 10 = 42，萨姆收藏了42张邮票。 (2) 32 + 42 = 74，他们共收藏了74张邮票。

第 45 页   **14** (1) 60 − 35 = 25，第二辆车上有25个小朋友。
(2) 35 > 25，第一辆车上的小朋友更多。
(3) 35 − 25 = 10，第一辆车比第二辆车多10个小朋友。